AF561063

# A LA CONQUÊTE DU CIEL !

CONTRIBUTIONS ASTRONOMIQUES

Dr F. C. DE NASCIUS

EN

QUINZE LIVRES

LIVRE CINQUIÈME

(EXTRAIT)

## PRINCIPE DE L'ENGRÈNEMENT IDÉAL
## DANS LE SYSTÈME SOLAIRE

**Son application à la Lune**

NANTES

IMPRIMERIE-LIBRAIRIE R. GUIST'HAU. A. DUGAS, SUCC^r

5 & 6, Quai Cassard, 5 & 6

1901

Château de la D. A.
le 18 Mars 1901.

*J'imagine un pignon et sa menante roue,*
*L'un et l'autre dentés, s'engrenant à plaisir :*
*Sur ce mode Dieu fit l'Univers qui le loue,*
*Et ma raison dit Dieu ne pouvait mieux choisir !*

# PRINCIPE DE L'ENGRÈNEMENT IDÉAL

## DANS LE SYSTÈME SOLAIRE

### SON APPLICATION A LA LUNE

### PRÉLIMINAIRES

Parmi les diverses épithètes qu'il m'était assurément loisible d'adopter, pour en faire l'application au phénomène inouï de l'engrènement de l'équateur nébuleux terrestre de Laplace sur sa tant molle orbite, si j'ai préféré le mot idéal à plusieurs, c'est évidemment parce que le systeme mécanique qu'il s'agissait pour moi de caractériser d'un trait de plume est, dans l'espèce, tout à fait hors de la portée de nos conceptions physiques actuelles.

En effet, vit-on jamais s'engrener étroitement une courbe *matérielle* et parfaitement *tangible*, comme l'était nécessairement l'équateur d'une nébuleuse lenticulaire de Laplace, sur une autre courbe, n'existant absolument celle-ci, que dis-je, ne pouvant même exister jamais en réalité autre part que dans l'idée de celui qui la conçoit ?

Il en a été pourtant ainsi, et le temps de la durée de la rotation terrestre, fixée à 23 heures 56 minutes et 4 secondes, est la preuve, constamment sous nos yeux, du phénomène initial de l'Engrènement idéal relativement à notre planète.

Ma courbe équatoriale *pignonnante,* si l'on peut dire ainsi, je l'ai démontré géométriquement, s'engrène bien, en fait inconstestable, et sur quoi donc, en définitive ?

Sur *rien !* Oui, en vérité, *sur de la non-matière !* Et de même que le Soleil peut tourner (je le ferai ainsi sous vos doctes yeux), peut tourner, dis-je, servilement autour d'un point central *immatériel,* on a pu voir, à son aise, je pense, s'engrener mon pignon nébulo-terrestre sur... une idée !...

Force de la pensée, que tu es grande !

Ce *rien* pourtant se produit aux yeux mêmes de l'observation astronomique et s'exprime circulairement en orbe idéal pur ou peu altéré. Ce *rien* se conçoit idéalement, s'analyse géométriquement et physiquement se prouve, en s'établissant dans l'esprit, appuyé fermement ce *rien,* qu'il est, sur les bases de la plus grande des certitudes qu'il soit donné à l'homme de jamais acquérir !

Quelle singularité étrange des conceptions de l'esprit humainement possibles, dira-t-on, que celle dont j'apprends aujourd'hui la réelle existence au monde savant ! A n'en douter point, il y a là, dans ce fait absolument nouveau de mécanique céleste, et pour le philosophe digne de ce nom, comme une liqueur fécondante de conceptualité géniale, qui vient soudainement de sourdre, et fort inopinément même, du tendre cerveau humain.

Combien cette pure source de délectations intellectuelles et de progressives envolées vers l'au-delà, je la présume riche en questions nouvelles de métaphysique attrayante, à traiter demain partout avec plus ou moins de subtilité charmante ? Combien je pressens d'éléments moraux de la plus haute conséquence qui se vont dégager bientôt et jaillir luxuriamment du fait grandiose, si simple à la fois et si sûr, que je publie en ces pages, après en avoir arraché enfin la notion si belle au mystère infini d'en-haut ?

Et à quel prix, pensera-t-on ?

Au prix d'une ingénieuse activité durant un bon quart de siècle, dissipée... non plutôt, dépensée veux-je dire, en mille tentatives fiévreuses, toutes débordantes plus les unes que les autres de l'impétueux flux de mes perplexités intellectuelles et morales, au titre de penseur trop clairvoyant que j'étais ; mécontent dès lors, ainsi que je l'ai dit naguère, et de la science des astres elle-même et du léger XIX$^{e}$ siècle, le mien, ô honte ! qui pouvait, lui, s'accommoder tranquillement de si peu !...

En somme, l'Engrènement idéal, ce principe de mécanique céleste dont je proclame la vertu de perennité indélébile dans les pages de mon ouvrage singulier, offre sans contredit à l'esprit un système mécanique parfaitement caractérisé pour nos sens, lequel a existé bel et bien à un moment donné solennel de la vie solaire, et qui se montre avec constance aussi permanent qu'on le pouvait souhaiter, dans le témoignage même et sincère et si vrai de ses effets toujours plus éloquents.

Cristallisés en quelque façon ces derniers, planétairement sous nos yeux, ils forment vraisemblablement pour nos savants regards un mode mécanique *sui generis*, manifestement établi tel quel pour durer toujours dans son incommutable économie céleste !

Qui donc l'aurait prévu ?

Qui s'en serait douté ?

A peine a-t-il reçu le jour, à la grande surprise de tous,

j'imagine, et grâce à la publication récemment faite de sa noble naissance, que ce beau système mécanique généralisable assurément, merveille de nouveauté inouïe dans toute la force du terme, que ce beau système, dis-je, nous séduit et nous tient vaincus sous le charme ! Déjà la première contemplation de son être nous élève sur les ailes du penser bien plus haut qu'on avait accoutumé d'aller. Vraiment, le sentez-vous qui nous transporte allègrement et comme d'un bond vertigineux, si toutefois je ne m'illusionne, jusqu'aux confins mêmes du monde matériel vulgairement connu ?

De par sa vertu transcendante, nous voici parvenus maintenant, et du coup avec lui, dans le domaine du connaissable juste au point précis où l'*Esprit* éternel *pense* à s'allier à la *Matière* également éternelle ; car Il a résolu de procréer en œuvre commune, et cela prolifiquement, de beaux êtres mixtes procédant, sous la perception de notre entendement dans l'admiration la plus vive, procédant, oui, de l'Essence de l'*Un* et de celle de l'*Autre !*

Et quand on pense à son tour que ces êtres ne sont que le préambule essentiel de cette prodigieuse suite qui a pour dernier terme l'Homme et son incommensurable mais légitime orgueil, n'est-on pas confondu ?...

Quelque chose qui s'engrène avec *rien ?* O merveille entre mille. L'*Idée* et la *Chose* ayant à un moment donné du temps contracté une alliance éternelle ! O prodige sans égal à nos yeux de plus en plus ravis !

Oui, certes : l'engrènement ensemble des molles et des rigides courbes célestes est un *Principe idéal* matérialisé et vivifié astralement dans l'immense Univers. Partout je vous le montrerai qui existe et se laisse formuler bénévolement.

Bientôt je vais prouver que le Soleil en est tributaire non moins que la Terre, sa bonne fille ; que toutes les planètes suivent ce généreux principe vraiment typique, de même que la blonde Lune et tous les globes satellitaires lui ressemblant. Et, de plus, je puis dire que : non seulement le Principe de l'Engrènement idéal a *mécanisé* pour les élans de notre forte admiration le système solaire en entier, mais encore, et cela depuis le commencement des choses qui lui furent soumises, il règle, je vous l'annonce et vous l'assure, oui, il règle la silencieuse marche de la sphère étoilée elle-même !...

Qui l'aurait cru jamais ?

Car, au fait, tout me l'atteste : Le Grand Œuvre de l'Univers est *Un* en plan aussi bien que dans sa sublime édification éternelle ! *Un*, il est à l'image de l'Être ineffable et toujours si mal concevable, dont il se montre à nous comme la fidèle expression idéale, la seule, après tout, la seule saisissable pour nos sens désormais plus pénétrants.

Toutefois, je dois accorder, sans tarder plus, que la Terre est la planète seule entre toutes à laquelle est attribué le cas *simple* et *unique* aussi du Principe de l'Engrènement *direct ;* ne nécessitant dès lors, pour être bien compris de la généralité des hommes, fils de la Terre, que l'emploi de la

RÈGLE DE TROIS SIMPLE

tandis que cette même *Règle* ira, comme je vais le publier successivement, en se composant plus ou moins à l'endroit des autres globes du système solaire pour leur distribuer largement la force et la forme pignonnantes. Au reste, en cela est toute la différence, la seule qui existe entre les divers mondes, c'est-à-dire entre les différentes modalités de l'alliance de l'*Esprit* avec la *Matière*, au point de vue mécanique sans doute.

Autant donc, écrirai-je, la Règle de trois *simple* diffère de la *composée*, autant notre globe terrestre, avec ses inséparables attributs, seront autres, en fait opératoire, que ceux du reste des autres corps célestes astronomiques. Mais c'est toujours, invariablement, la Règle de trois qui sera sans cesse comme l'âme des choses concrétifiées du noir espace, et, d'un mot assez caractéristique je crois, sera partout comme le *deus ex machina* éternel !

Volontiers, cependant, il me faut reconnaître en toute sincérité que toutes les Règles de trois ont autant de mérite les unes que les autres au point de vue tout générique. Je dois même concéder de suite qu'à première vue il semblerait plutôt que les Règles composées fussent plus virtuelles dans leurs effets, non moins que dans leur expression figurale, et partant supérieures. Quoi qu'il en soit, d'ailleurs, de cette concession même, ma pensée m'imposera toujours une attention exceptionnelle en ce qui concerne le *cas simple* de la Règle en question ; car elle suggère à ma plume ce qui suit.

Imaginons un petit édifice architectural, beau, bien construit et surtout bien proportionné. Concevons-le parfait dans toutes ses parties. Eh bien ! avisons-nous maintenant d'augmenter par la pensée toutes ses dimensions, sans rien altérer de ce qui le faisait réellement beau : cette merveille s'agrandit, devient plus vaste, mais le monument est-il seulement devenu plus beau ?

Devant la raison et le sentiment esthétique, il n'est guère que devenu grandiose. Mais l'expérience nous apprend qu'il y a des cas où l'amplification d'une *belle* chose plastique en a fait une *laide,* ou du moins une inférieure à la première qui était, celle-là, parfaite telle quelle ! C'est donc dans un ordre d'idées analogiques que je crois pouvoir dire que la Terre, bien que globe médiocre, n'est pas nécessairement inférieure aux quatre mondes planétaires les plus volumineux du système solaire. Je veux même essayer de prouver à présent que la Terre est une planète supérieure à toutes les autres sans exception, au point de vue de l'Idée.

Dès lors, il convient de procéder avec méthode et avec une grande clarté d'exposition.

Dans ce but et en reprenant la question d'un peu plus loin, avisons-nous de considérer le nombre parfait et planique 6 ; étudions-le et disons : De même que le nombre parfait 6 est le type primitif des autres nombres parfaits qui le suivent et, à cet égard, a quelque chose de supérieurement *ancestral,* pour ainsi dire, relativement à ses subséquents, ainsi, dirai-je, en doit-il être de la Règle de trois *simple* relativement aux Règles *composées ;* car la première possède, au même titre que l'exemple cité plus haut du nombre 6, quelque chose de supérieurement *antécédentiel* et de plus quintessencié que la Règle de trois composée.

Il faut que je m'explique encore avec plus de précision.

Le nombre parfait 6 est ainsi appelé parce qu'il jouit de la propriété d'avoir pour somme de ses diviseurs (autres que lui-même) précisément la même figure numérale 6. A ce titre, il est dit *parfait ;* cependant, je le qualifierai, moi, de nombre *plus que parfait,* pour cette raison majeure que la *somme* de ses diviseurs 1, 2 et 3 est égale au produit de ses facteurs, qui sont aussi les mêmes que ses diviseurs.

En effet, on peut écrire le nombre 6 des deux manières que voici :

$$(1 + 2 + 3) \text{ ou bien } (1 \times 2 \times 3)$$

C'est à cause de cette particularité curieuse que je l'appelle le nombre *plus que parfait* premier, d'autant mieux qu'une particularité de ce genre donne lieu à une propriété caractéristique de ce nombre 6. Par exemple, il est gratifié de la faculté exceptionnelle de laisser calculer sa *somme divisorale* par logarithmes : ce qui le rend apte plus que tout autre nombre parfait à former des Logarithmes-Parlants d'Astrarithmie, comme c'est le cas de tous les nombres de même espèce que 6.

En vérité, le nombre 6 a bien la faculté de laisser calculer le polynôme (1 + 2 + 3) de ses diviseurs par logarithmes. Ce fait est évident, puisque le polynôme proposé a deux figures, à l'instar de l'antique dieu Janus. N'est-ce pas à peu près une sorte d'Hermaphrodite numérique ?

Polynôme-Monôme à la fois ou mieux *Polymonôme !!*

On comprendra facilement que l'étude d'un *être* bizarre de cette sorte ne saurait guère avoir de chances d'être oiseuse. Peut-être est-ce bien même la première fois que ce *monstre* curieux de la Chose mathématique aura été dépecé, si l'on peut dire ainsi, sous les yeux de l'homme.

Il se trouve effectivement qu'on peut écrire le nombre 6 sous forme de triple somme logarithmique :

$$\begin{array}{llr} + \text{ Log } 1 & = & 0{,}00000 \\ + \text{ Log } 2 & & 0{,}30103 \\ + \text{ Log } 3 & & 0{,}47712 \\ & & \hline 0{,}77815 \end{array}$$

Somme qui a pour Nombre correspondant arithmétique **6**.

Au point de vue mathématique seul, ce monstre est omnipuissant ; sa figure même nous le fait juger ainsi du premier coup d'œil : les *trois* signes + de l'addition sont *synonymes ici* des *trois* signes × de la multiplication.

Conséquemment, au point de vue astronomique cette fois, pour que la *somme* des nébuleuses lenticulaires de Laplace se *multipliassent* et *produisissent* des mondes hors du sein générateur solaire, il peut paraître évident qu'elle devait mettre le nombre *plus que parfait* à contribution formidable et réclamer de lui qu'il employât son pouvoir d'omnipuissance génésiaque en vue de la *multiplication* des êtres polynômiques à naître, autrement dit des êtres que j'ai dénommés les Logarithmes-Parlants !

Et, de fait expérimental, grâce aux lumières des habiles observations de nos héroïques astronomes, il se trouve que le nombre parfait (et plus) 6, en tant que *produit-somme* à la fois, ou *polymonôme* (?) des *trois* nombres premiers de tous 1, 2 et 3 a servi de pilotis, en certaine sorte, à l'édifice solaire et stellaire tout entier !

Et, en cela se montre clairement l'action primordiale du Principe des *vibrions numériques* élémentaires de la vie astrale, en fonction virtuelle dans l'établissement du système mécanique concret de l'Univers total ; (concret voulant dire ici : la Matière en copulation généreuse avec l'Esprit !)

Mais ce nombre *vibriogène* 6, accolé par sympathie secrète pour agir de conserve dans la vie astrale avec le tant précieux et indispensable Logarithme 2 qui a pour N-C 100, donne bien, dans un accouplement unique en son genre, le *Polynôme-Trinôme* le plus merveilleux de tous à la fois et le plus prolifique dans l'ordre des idées émises ci-dessus.

Par exemple, on sait le rôle *sine qua non* que joue le nombre 2 dans la loi d'accélération de la chute des graves et conséquemment dans l'expression des forces centripète et centrifuge, auxquelles est soumise tyranniquement la marche des astres ; eh bien ! voyez plutôt vous-même :

Envisageons les deux aspects de la quantité **2** :

$$\begin{cases} 2 \text{ Log } 10 = 2{,}00000 \\ 1 \text{ Log } 2 = 0{,}30103 \end{cases}$$

De cette double vie mathématique va naitre une nouvelle figure divine et décélatrice du phénomène auquel est dû le fondement mathématique de l'Univers, sous les traits d'une *somme-produit* génésiaque primordiale des vibrions élémentaires de la vie mécanique 1, 2 et 3, qui engendrent **6**.

Effectivement, il en vient cette apparition à nos yeux :

$$(10^2 \times 6) + (10^1 \times 6) + (1 \times 6) = 666\ !!!$$

C'est là le nombre des nombres, l'excellent, le plus parfait des *plus que parfaits* du genre. C'est lui véritablement qui a servi de fondement solide et inébranlable, à cause de son incommutabilité essentielle même, à la quantité si parfaite qui est celle du rayon de l'orbite du majestueux Soleil dans l'espace et qui a cette figure si suprêmement radieuse !

666 !!!

Or, la Règle de trois (termes sous-entendus) a la propriété de rentrer commodément dans le système de ce nombre *plus que parfait singulier* de trois chiffres :

I° Soit à l'état de somme ;

II° Soit à l'état de produit ;

III° Soit à l'état d'opération logarithmique ;

États qu'on peut fort bien combiner en une seule figure dont le module 3 ne serait, en définitive, que la moyenne à certains égards. D'autre part, essayons d'étudier le nombre 666 sous d'autres de ses aspects instructifs, en considérant ce nombre sous ses deux formes : l'une arithmétique et l'autre logarithmique dans le système de Briggs.

Au premier point de vue, on a

Le Log de 666 est de 2,82347

Or, ce logarithme singulier se forme très bien en fonction de $2\pi$, symbole de la circonférence du cercle ou de la fonction circulaire, d'où sont sorties les orbites des planètes.

Écrivons donc l'équation suivante :

$$10^2 (2\pi) s = 666$$

Calculons-la, il vient :

| | | |
|---|---|---|
| 2 Log 10 | 2,00000 | |
| Log 2 | 0,30103 | |
| Log $\pi$ | 0,49715 | |
| Log $s$ | 0,02529 | |
| | 2,82347 | N-C **666** |

Somme dans laquelle $s$ est un logarithme d'amplification synodique à définir autre part.

Il suit de là que la quantité arithmétique 666 peut être tenue pour être *engendrable* aussi par le symbole de fonction circulaire $2\pi$, amplifié par l'action de $s$.

Au second point de vue maintenant, la quantité 666 peut encore, et doit même, à cause de son aptitude sans pareille à se *logarithmiser amiablement*, doit, dis-je, être assimilée à une simple Mantisse logarithmique. On a de la sorte cette figure homologarithmique, nonobstant le Log 2 ajouté :

2,66600

Ce qui fait surgir comme Nombre correspondant inattendu :

463,44 qui × 1,0050 = 232,88 × 2

Et, en déplaçant enfin la virgule de deux rangs à droite, on a 23288 qui est précisément la valeur du rayon de l'orbite de la Terre, tel que le veut le Principe de l'Engrènement idéal, ainsi que je l'ai établi au fascicule précédent ! Eh bien ! ni Jupiter, ni Saturne, ni leurs dignes émules planétaires ne jouissent de cette faveur insigne, de sortir directement du sein même du nombre des nombres 666 !

Au reste, 2,3288 a pour log 0,36713 qui est sensiblement la quantité même qu'a fournie la formule géométrique de l'Engrènement idéal, direct dans le cas de la Lune seule, page 30, fascicule I, seconde partie du Livre II.

En conséquence, il est établi que 6 ayant engendré 666, comme un Père à notre image charnelle engendrerait son fils aîné, vu les raisons précédentes, cette dernière quantité, à son tour considérée comme *Mantisse* logarithmique dans le système de Briggs, a pour moitié précisément du *nombre qui lui correspond*, 0,365, car

0,666 0,301 0,365

Quantité nouvelle bien connue des humains, et pour cause, depuis... presque toujours ! D'ailleurs, c'est encore une quantité que donne la formule géométrique de l'Engrènement idéal, laquelle donne ces trois typiques 367, 366 et 365 !

A présent, le voyez-vous comme moi ? La Terre, oui, notre si modeste globe mobile peut seul revendiquer cette priorité d'essence et de noble naissance sur toutes les autres planètes, comme son fier et exclusif apanage mathématique inaliénable !

En faudrait-il désormais plus pour établir *ex divino* que la Terre est la planète idéale et le quasi-argument mondial du système général ; primant sans conteste et Saturne et Neptune et Uranus, voire le grand Jupiter en son éblouissante personne !... Était-ce donc un paradoxe vide de sens que celui que j'ai lancé, il y a trois ans, aux quatre vents de l'esprit, paradoxe qui serait uniquement présomptueux ?...

Ceci dit, je pense qu'il y a lieu de remarquer, outre les subtiles recherches lues plus haut, que la tournure de l'esprit humain, habile à raisonner juste quand le temps propice est venu, et aidé du sens commun, fera toujours, que je sache du moins, une loi immuable à l'homme doué de jugement droit, de trouver constamment préférable, voire même supérieurement inestimable, ce qui est bien, au fond, une sorte de quintessence rationnelle.

Je dirai donc, avec une tranquillité d'esprit difficile à ébranler, qu'une telle particularité que celle résultant du fait mécanique de l'Engrènement idéal *direct*, dont jouit exclusivement la Terre, notre planète, au grand dépit sans doute de ses sœurs trop justement jalouses, cette particularité même en consacre le type, à titre de *raison essentielle* du genre d'astre que la Terre caractérise.

De là découle donc, à mon avis, la suprématie plus que présumable de notre globe sublunaire sur tous les autres de la même famille. Aussi bien, me croirai-je enfin fondé, pour cette cause nullement spécieuse, à qualifier le sphéroïde mondial que nous habitons de

*Planète-Raison principale !*

Attendu que seule de toutes les autres de sa voguante espèce aux ondes sublimes de l'esprit en fonction mécanique, la Planète terrestre jouit, à l'égard du *sens commun*, flambeau initial de toute inquisition philosophique, elle jouit, dis-je, d'une véritable primauté impérissable !

C'est donc précisément en raison de cette situation sans pareille dans le système solaire, faite à notre bonne petite machine ronde terrestre, que je lui trouve une supériorité native sur toutes ses émules familiales : d'où s'impose à mes yeux une attention particulière qu'elle doit mériter avant toute autre planète, et dont j'estime qu'elle ne sera point indigne non plus aux yeux du penseur le plus exigeant.

Non, mille fois non ! ami lecteur, la Terre n'est pas une planète quelconque ; elle n'est nullement comme les autres : elle est mieux qu'aucune d'elles !

Non, elle ne peut point remplir un rôle effacé, comme le veut Copernic, dans le vaste Univers, que dis-je : elle est au contraire la planète excellente entre toutes, et l'homme, qui la domine de toute l'ampleur de son génie de Titan, est bien l'être des etres et le plus beau, et celui dont les aspirations réalisables sont les meilleures comme les plus hautes ! Les destinées de l'homme sont en conséquence les plus enviables, selon moi, et les plus nobles qui se puissent imaginer !

O homme ! mon frère, toi cette petite émanation active du grand principe divin, connais donc enfin ta haute dignité !

Oui, il en est ainsi : tout du moins nous l'indique : qu'un avenir prochain le prouve !!

∴

Quoi qu'il en soit, après avoir répété ici que le Plan de l'Univers se construit en entier au moyen de la seule Règle de trois, et que conséquemment ce plan peut être tracé facilement et de main de maître avec le simple emploi de la règle et de l'équerre, vu la simplicité inouïe des lignes principales de ce plan, unique s'il en fut, j'en arrive maintenant à mon objet même, qui est dans cet opuscule l'étude du cas de la Lune relativement au Principe de l'Engrènement idéal, dans le système solaire.

On est convenu, dirai-je, dans les milieux astronomiques, de considérer la Lune comme étant l'astre qui soit au Ciel le plus indocile, rebelle plutôt à l'endroit des formules générales que la patience de plusieurs siècles a façonnées laborieusement, en conformité des enseignements de la gravitation universelle. En effet, dit un célèbre astronome

> . . . Qua causa argentea Phœbe
> Passibus haud æquis graditur ; cur, subdita nulli
> Hactenus astronomo, numerorum fræna recusat ;
> . . . . . . . . . . . . . . . . . . . . . . . . ?

Ce fait singulier, que ces vers de Halley proclame élégamment, fait vraiment étrange, anormal en un mot, est, pour autant que je l'estime, nullement autre qu'il doive être ; car ce fait ne se produit apparemment ainsi qu'en raison d'une lacune probable de nos connaissances astronomiques.

De là une illusion toute puissante, tyrannisant sans pitié les esprits scientifiques, à commencer par celui du génial Newton pour finir par les savants de notre génération. Croyez-le bien : si la Lune n'obéit pas plus ponctuellement aux injonctions de la Science, si elle ne se soumet pas mieux aux exigences de la conception newtonienne, ainsi que serait pourtant son devoir strict, c'est à cause de l'imperfection des formules en usage. Ces dernières sont incomplètes pour cette raison de la plus haute gravité, savoir : que les formules établies ne sont que l'expression algébrique de raisonnements, fort beaux d'ailleurs, enchaînés en ne tenant compte que de *deux* seules causes générales d'action directrice des mouvements. Par malheur pour la théorie, ce n'est point *deux* causes seules qu'il faudrait faire intervenir, mais préférablement *trois*, qui sont constamment agissantes dans l'espèce et à notre insu !

Dans les formules de la Lune, lorsqu'on voudra bien tenir compte, outre les actions quasi-attractives solaire et terrestre, de celle concomitante et jusqu'ici ignorée même, qui résulte du point central du monde, coïncidant avec le centre de l'orbite du Soleil et mouvant ce globe gigantesque, ce jour-là le satellite de la Terre, notre fidèle et bonne Lune, suivra alors les formules nouvellement établies et le fera avec la plus parfaite docilité.

Car, il est d'expérience constante que le mythe de l'attraction universelle parvient à expliquer les choses mécaniques du Ciel, d'une manière vraiment satisfaisante, mais cela en raison de la petitesse exagérée des globes matériels astreints à parcourir des orbites énormément développés. Que si, par la pensée, vous vous avisiez d'amplifier les différents rayons globaux planétaires, aussitôt tout de s'écrouler de l'édifice bâti par le grand Newton ! Dans l'état actuel de la Science, il est admis, en effet, chose peut-être absurde bien que constituant une hypothèse ingénieuse, que si toutes les planètes étaient situées à la même distance du Soleil les unes que les autres, les accélérations dont elles seraient capables auraient des valeurs constamment égales ; la masse demeurant pour toutes invariablement la même, et ce fait en dépit de la différence des rayons globaux.

Or, là preuve n'est point donnée de cette affirmation quasi-postulatrice et ne sera peut-être faite jamais ! Tout autre est cependant l'exacte vérité ; il faudrait dire : les accélérations seraient les mêmes, oui, certes, mais de toute nécessité alors les rayons seraient égaux ! Hypothèse encore sans doute que celle-ci, mais hypothèse vérifiable dans ce cas, grâce aux enseignements si nouveaux du Principe généreux de l'Engrènement idéal.

Je me propose de prouver dans mon ouvrage que, précisément, la valeur du rayon global d'une planète est une fonction indispensable, *sine qua non* plutôt de sa distance au Soleil.

Cependant, dans un autre ordre d'idées, n'est-il pas de toute évidence que si l'agrégat de matière suprêmement colossal qu'est le beau Soleil peut, d'après mes dires, et doit graviter autour d'un *centre* où il n'existe aucune espèce de matière fixe, mais où, en revanche, je concède qu'il n'y a point *rien du tout*, ce quelque chose d'immatériel, de *presque spirituel*, qui met en mouvement tout le système mécanique de l'Univers, et d'abord le Soleil et son cortège, ce quelque chose, à définir au Livre XV, est bien aussi et à plus forte raison capable d'exercer occultement pour les astronomes son action inéluctable sur le médiocre globe lunaire !

L'incorrigible indocilité de la Lune est, en somme, un témoignage éloquent de la répugnance du satellite de la Terre à se comporter, à l'égard de notre entendement trop incomplet des choses d'en-haut, d'une manière autre qu'en conformité de la vérité pure, qui a encore échappé jusqu'à ce jour aux lumières de notre si lente et si peu perspicace raison. Peut-être qu'il y aurait lieu de s'étonner qu'on n'ait pas deviné plus tôt ce qu'il importait tant à savoir à ce sujet ?

Toutefois, vaut mieux tard que jamais !

Mais, ce n'est point le propre de mes travaux audacieux de rechercher des formules nouvelles, découlant directement du principe de l'attraction universelle. Naguère je l'ai dit : je tourne délibérément mes talons rapides à cette sublime mais provisoire conception de Newton quand je m'avise de vouloir créer de toute pièce l'Astrarithmie, cette science qui ne fait pas le moins du monde état de ce principe secondaire, ayant donné déjà à la Science tout ce dont il était capable.

L'Astrarithmie, en effet, a la prétention fort soutenable déjà de résoudre les problèmes du Ciel astronomique d'une tout autre façon que celles qu'a connues le passé. Quoi d'étonnant à cela, puisque toutes les branches de l'Esprit humain sont en progrès si remarquable à l'aube du XX^e siècle? C'est pourquoi la curieuse science que je fonde aujourd'hui marquera, elle le doit assurément, une étape à jamais mémorable dans la marche ascendante du Progrès astronomique et philosophique.

Or, il suit des enseignements de l'Astrarithmie que le « Problème de la Lune » tel que je vais le traiter, en vue d'en donner au monde la solution magistrale et délectable, peut être nouvellement posé en ces termes :

« Sachant, grâce aux données précises de l'observation, que le temps T de révolution de la Lune autour de la Terre a pour ses deux valeurs numériques 29,5 et 27,3 jours terrestres ; que le jour lunaire est $1/27,3^{\text{me}}$ de celui de la Terre ; que les trois principales distances D de la Lune à sa planète sont de 56,9, 60,27 et 63,58 rayons terrestres ; sachant en outre que le rayon *r* du globe lunaire est les $273/1000^{\text{mes}}$ de celui de la Terre, on demande de *trouver* et de *dire* les causes *géométrico-mécaniques*, ou autres, auxquelles sont dues lesdites valeurs numériques et corollairement le pourquoi de la valeur du rayon terrestre lui-même ? »

C'est bien en ces lignes que se manifeste le désir irrésistible de l'auteur de ne rien omettre, dans le problème posé, de ce qui intéresse le plus la Science. Ce que j'appelle donc le « Problème de la Lune » mérite certainement les honneurs d'une question si belle, si épineuse à la fois et si glorieuse !

En vain chercheriez-vous où trouver actuellement une réponse dans les livres contemporains ou anciens à ces multiples questions si importantes pourtant à résoudre enfin, et que vous vous êtes posées maintes fois probablement, comme moi, *in petto*, non sans quelque anxiété d'esprit, non sans dépit d'une réponse éludant toujours la demande ?

Oui, ce serait vraiment peine perdue ; car, en fait de livre, il n'en existe aucun du passé qui puisse vous satisfaire.

Ce livre était à écrire ; il s'écrit !...

Car mon ouvrage vient justement combler les élans de votre légitime curiosité d'homme, trop fortuné d'appartenir au XX^e^ siècle. Il était nécessaire, toutefois, pour combler vos désirs, de créer de tout élément initial et subséquent et surtout conséquent une science nouvelle.

C'est fait ! rendons-en grâces au Ciel !

Cependant, ce problème une fois résolu, cède lui-même le pas sur le champ au « Problème général de l'Univers » qui peut, selon moi, s'énoncer ainsi tout simplement, et que j'ai l'indicible honneur de pouvoir proposer aujourd'hui que s'ouvre le XX^e^ siècle, et en ce lieu même, à la sagacité d'esprit de mes plus doctes contemporains des « Deux-Mondes ! »

## PROBLÈME DE NASCIUS

« *On donne toutes les valeurs numériques de la Lune en temps, distances, rayon global, et l'on demande d'en déduire toutes celles des différents astres du système solaire : en un mot : on demande de tracer avec ces seuls matériaux le*

*PLAN DE L'UNIVERS ?* »

Et, sur cet énoncé, je passe à l'objet même de cet opuscule.

# PRINCIPE DE L'ENGRÈNEMENT IDÉAL

## ÉTUDE

### DU CAS DE LA LUNE

Différant presque du tout au tout de sa planète, le satellite de la Terre paraît, à première vue, devoir suivre un régime spécial d'engrènement : car la Lune, à la vérité, ne se comporte pas aussi simplement que l'a fait notre propre globe à l'égard du nouveau principe de mécanique céleste, faisant l'objet de ce cinquième Livre. Il résulte de là un cas spécial d'astre auquel vient correspondre tout naturellement un mode particulier de l'Engrènement idéal. D'ailleurs, ce sera le cas aussi de tous les satellites des planètes, puisque ces petits globes orbifiants ont la propriété de tourner simultanément, comme la Lune, autour de deux centres, l'un étant tout proche d'eux et l'autre excessivement distant.

Or, le satellite de la Terre, en accomplissant autour de celle-ci sa période, présente un phénomène bizarre, celui d'un globe mobile qui n'effectue exactement qu'une seule rotation sur lui-même dans le temps juste de sa période de révolution. D'autre part, si l'on considère la période de la Lune autour du Soleil, cette fois, dans l'intervalle de 365,25 jours, il devient évident que le satellite de la Terre effectue, et de toute nécessité, en un an, précisément autant de rotations sur son axe que le nombre 27,322 jours de sa période autour de la Terre est contenu dans le nombre 365,25 de sa période autour du Soleil. On trouve donc, en suivant ce raisonnement, que relativement au Principe de l'Engrènement idéal, la Lune fournit en 1 an 13,368 *tours de roue pignonnante*, attendu que le quotient de 365,25 par 27,322 est de 13,368.

Cette double considération des choses amène de suite celui qui examine ces faits mêmes à diviser l'étude du cas de la Lune en deux parties : la première qui s'adressera à la période lunaire proprement dite, dans laquelle le nombre des rotations est égal à l'unité ; la seconde qui s'adressera à la période d'une année terrestre, accomplie autour du Soleil par la Lune et sa planète, voguant en quelque sorte de conserve l'une et l'autre.

En conséquence, la première de ces deux parties traitera du cas de MONOROTIE ; mot qui exprime la faculté qu'a la Lune de ne faire *qu'un seul tour de roue* par révolution de 27,322 jours terrestres ; la seconde traitera du cas de POLYROTIE, mot voulant dire que la Lune fait *plusieurs tours de roue* dans sa révolution annuelle autour du Soleil.

C'est pourquoi je dirai que la Lune est un globe *monorote* relativement à la Terre et *polyrote* relativement au Soleil. Une semblable distinction s'imposait au début de l'étude présente afin de bien fixer les idées sur ces nouvelles spéculations de l'esprit, et pour bien montrer l'économie particulière que peut affecter l'application de mon nouveau Principe à l'endroit de la Lune.

Au fascicule précédent, j'ai montré, clairement j'aime à croire, que la Terre était un globe exclusivement polyrote. Ici, par contre, celui qui va nous occuper en détail, est gratifié par la Nature de deux êtres presque distincts. Essayons dès lors de les analyser avec profit, aidés que nous serons des lumières découlant du nouveau Principe du mécanisme universel dont je suis l'inventeur.

### 1° DE LA MONOROTIE LUNAIRE

Par une hypothèse ingénieuse commençons notre étude et considérons d'abord la Lune à l'état nébuleux lenticulaire de Laplace. Ce sera au temps même où la Terre et son satellite ne formaient qu'un seul être matériel rotatif, dont le corps parcourait mollement son orbite *anteplanetaire* autour du Soleil radieux. Je pose en fait, sans plus, que si nous avons pu étendre précédemment par une hypothèse habile le rayon terrestre *actuel* jusqu'à la Lune (méthode de l'extension radiale), à plus forte raison pourrons-nous faire l'opération inverse tout indiquée dans l'espèce. Étendons conséquemment le rayon lunaire *actuel* jusqu'au centre de la Terre, c'est-à-dire au centre de l'orbite supposée circulaire de la Lune ; nous obtenons alors cette quantité numérique pour valeur du rayon $r$ :

$$\overset{r_\oplus}{60{,}2745} \times \frac{1}{0{,}272957} = \overset{r_{☾}}{220{,}82} = r$$

La longueur du rayon $r$ de la nébuleuse lenticulaire de la future Lune * est donc de 220,82 fois le propre rayon *actuel* de celle-ci.

* Au « Problème de la Lune », je montrerai le pourquoi et le comment de la séparation de la nébuleuse totale en deux êtres globaux différents. Livre XIV (Sélénogonie.)

Appelant ensuite *v* la vitesse par seconde d'un point de l'équateur lunaire *actuel*, V la vitesse de la Lune sur sa *petite* orbite et *r* la distance moyenne de la Lune à la Terre, on pourra adopter volontiers les valeurs numériques suivantes comme étant les meilleures dans l'état actuel de la Science astronomique *

| | | |
|---|---|---|
| $v$ | 4,634 | Mètres ; |
| V | 1,023 | Kilomètre ; |
| $r$ | 220,82 | Rayons lunaires. |

Maintenant, il n'y a plus qu'à appliquer la petite formule de la page 23 du fascicule précédent sur le Principe de l'Engrènement idéal ; formule issue de la Règle de trois simple, dont les résultats ont déjà été si précis et concluants à l'endroit de la Terre. On doit avoir, ai-je dit :

$$v\,r = V$$

Et l'on a effectivement, en remplaçant les lettres par leurs valeurs numériques :

$$v\,r = 4{,}634^{m} \times 220{,}82^{r\,☾} = 1{,}023^{km} = V$$

Aussitôt, et sans équivoque possible, est apparue en pleine lumière la *faculté* d'engrènement que possède la Lune, au même titre que la Terre, si toutefois l'on procède par démonstration numérique. Ce résultat significatif nous amène directement au *Théorème* suivant de la *Monorotie lunale* :

* Ces quantités sont calculées avec soin à la fin, avec un certain nombre de décimales, afin de rendre ainsi hommage au grand talent des observateurs, dont je tiens à considérer les travaux comme parfaits, et aussi pour montrer la grande sincérité de mes recherches.

*Si l'on prolonge le rayon de la Lune jusqu'au centre de son orbite, la vitesse d'un point de son équateur étendu est comme la vitesse de son centre global, parcourant ladite orbite.*

Par contre, à présent, au point de vue géométrique pur, on doit trouver réellement comme à la Terre, page 28 du fascicule précédent :

$$\frac{R}{r} = t'$$

Formule dans laquelle R est la valeur du rayon de l'orbite considérée (en distance moyenne) et exprimée en rayons mêmes de l'astre parcourant l'orbite : dans laquelle formule aussi $r$ est la valeur du rayon global étendu jusqu'au centre de la nébuleuse qui lui a donné la vie astrale et $t'$ le temps de rotation de l'équateur sur lui-même ; autrement dit le nombre $n$ de *tours de roue pignonnante* par période.

On a bien, en effet, dans le cas présent, lorsqu'on remplace les lettres par leur valeur numérique :

$$\frac{R}{r} = \frac{220{,}82\ r_{\text{☾}}}{220{,}82\ r_{\text{☾}}} = 1 = t' = n$$

C'est bien là évidemment la propriété caractérisante de la *faculté de Monorotie lunale* (et générale d'ailleurs) que de donner l'unité au second nombre de l'égalité sous sa forme simple. On peut donc en conclure ce qui suit : Si l'on appelle *faculté d'engrènement* celle qui nous offre le spectacle de la réalisation d'une vitesse équatoriale $v$ égale dans le même temps à la vitesse orbitale V du centre du globe considéré, il est suffisamment dès lors démontré par tout ce qui précède que la Lune possède incontestablement cette curieuse faculté, aussi bien en somme que la planète directrice de ses actes et de toute sa vie périodique. Cependant, il ne sera pas oiseux de remarquer qu'en *Monorolie*, par exemple, l'Engrènement idéal n'est point du tout réalisable sur plusieurs dents en quelque sorte, si petites qu'on les puisse supposer : car la *sous-orbite* de la nébuleuse lenticulaire lunale qu'on imagine est bien, dans ce cas particulier, réduite à un simple point mathématique ! Étudions plutôt ce cas si singulier au moyen de la figure suivante.

On y a représenté en T la Terre et en L la Lune. Par R est indiqué le rayon de la nébuleuse terrestre et par *r* celui de la nébuleuse lunale confondue en elle. La courbe en pointillé mixte indique l'orbite même de la Terre et celle indiquée en ligne pleine la *sous-orbite*, autrement dite la courbe d'Engrènement idéal de la nébuleuse terrestre.

FIG. 2

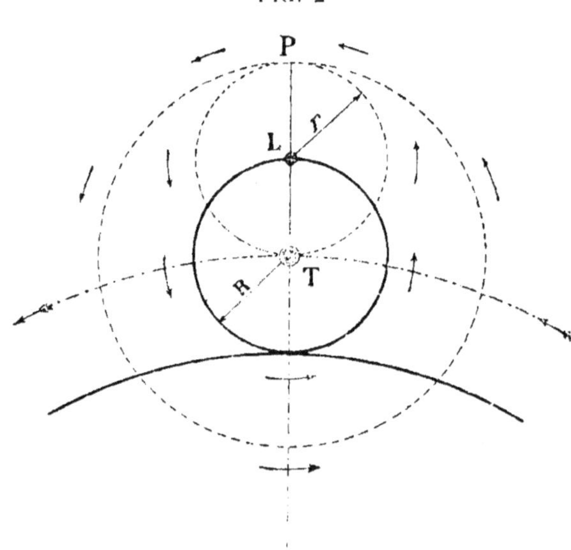

Eh bien ! si l'on considère à présent la période lunaire de 27,321 jours terrestres, il est évident que le point P, par exemple, décrira dans l'espace, et conséquemment sur la figure ci-contre, une circonférence (de cercle par hypothèse de simplification) autour du centre de la Terre et exactement dans le temps de cette période. Or, ce centre, la chose est facile à voir, se réduisant à un point mathématique d'engrenement, la faculté d'engrènement est donc ramenée dans l'espèce au minimum d'existence concevable, lequel est précisément le temps de *Monorotie*, où l'on ne peut concevoir en esprit qu'un point mathématique tournant pourtant autour d'un autre semblable en 27,321 jours !

On peut encore imaginer les choses autrement et dire, semble-t-il : La droite T P, qui est un diamètre du cercle nébuleux lunal, dans l'hypothèse, *pivoterait* en quelque sorte sur une seule *dent idéale* en T, dans le temps même de la révolution de la nébuleuse lunale autour du centre de sa planète. Ce diamètre pivoterait en décrivant une aire quadruple de celle décrite par le rayon de la Terre. Mais immédiatement l'esprit se pose une question insidieuse apparemment :

Pourquoi alors la Lune est-elle *monorote* ?

Et la réponse de devoir se formuler ainsi :

Parce que la Lune ne peut fournir *annuellement* que 13,368 + 1 *tours de roue pignonnante* !

Ce qui suit va le prouver en élucidant considérablement cette si intéressante question. Plus tard, il sera dit pourquoi le nombre de ces tours n'est point autre, quand le moment sera venu de montrer les liens de parenté unissant le temps de la rotation terrestre à celui de la rotation solaire.

## II° DE LA POLYROTIE LUNAIRE

Dans cette seconde partie, on convient de considérer la Lune comme étant *polyrote* à l'instar de sa planète, et dès lors on est fondé à s'attendre que le satellite de la Terre va suivre servilement la formule générale proposée, en s'engrenant effectivement sur sa *sous-orbite* et mettant ainsi en évidence sa puissance pignonnante non équivoque. Les choses paraissent vraiment devoir être telles, à moins toutefois que ce que j'appelle le Principe de l'Engrènement idéal ne soit pas universel. Or, je vais démontrer que notre bénévole Lune suit très docilement ce fameux Principe tout aussi régulièrement que la Terre dont elle a tiré sa vie astrale.

Pour atteindre ce but, il faut chercher d'abord en quoi le globe lunaire diffère essentiellement de notre propre globe ; et l'on remarque ceci :

*Primo.* — En 1 an, la Terre accomplit une seule révolution sidérale autour du Soleil, tandis que la Lune en fait juste 365,25 : 27,321 = 13,368 fois plus, auxquelles s'ajoute 1 révolution synodique spéciale ; ce qui porte le nombre à

14,368 unités de révolutions.

*Secundo.* — En accomplissant sa période en 1 an, la Terre tourne autour de 1 seul centre orbital (le Soleil étant supposé fixe, il va sans dire), tandis que la Lune, elle, tourne juste dans le même temps autour de 2 fois plus de centres : celui qui ressortit à sa période proprement dite et le temps ressortissant à la période qu'elle accomplit autour du Soleil en voguant de conserve avec la Terre.

En effet, si l'on porte les yeux sur la figure de la page 32, on reconnait de suite que le point P, par exemple, de la nébuleuse hypothétique lunale décrit certainement dans l'espace une circonférence de cercle juste 2 fois plus grande que la circonférence de la nébuleuse terrestre, puisque son rayon est double de celui de la Terre et que les circonférences sont comme les rayons.

*Tertio.* — Dans la nébuleuse primitive totale, il devait y avoir en excès 2 forces $F_2$ capables de fournir l'allongement synodique des 2 équateurs globaux qui étaient à naître hors de son sein quelque jour à venir.

Cette hypothèse, qui est entièrement vérifiée par les faits de l'observation, s'impose donc sans restriction à l'esprit. Mais quelle fut bien la valeur de cette force ?

On l'établit assez facilement sans doute en jours terrestres et lunaires, c'est-à-dire en *tours de roue* de chaque globe considéré.

Je dis que cette force avait comme expression pour valeur s'appliquant à l'équateur terrestre en gestation :

$$\frac{365^j,25 + 2^j}{365^j,25}$$

Et pour valeur s'appliquant à l'équateur lunaire également en *fœtation* :

$$\frac{365^j,25 + \frac{2^j}{27^j,32}}{365^j,25}$$

Ces deux quantités, en se multipliant, donnent au produit le nombre 1,0057 ; et, dans ces quantités, il faut regarder

2 jours ou *tours de roues* comme représentant la nécessité du Principe de l'Engrènement idéal, que j'ai établie précédemment, page 26 du fascicule précédent, et qui se justifie ainsi pour l'équateur terrestre :

$$\left\{\begin{array}{l} R + 1 = 365{,}25 + 2 = 367{,}25 \\ R \pm 0 = 365{,}25 + 1 = 366{,}25 \\ R - 1 = 365{,}25 + 0 = 365{,}25 \end{array}\right.$$

Or, ces trois quantités sont liées géométriquement entre elles et le sont inséparablement dans la formule de l'Engrènement. D'ailleurs, ce qui est vrai des rayons R est encore vrai des circonférences qu'ils servent à décrire.

Je dis donc que la force F de synodie giratoire, qui fonctionnait dans la nébuleuse ante-terrestre, afin de l'amener à engendrer le globe que nous connaissons, cette force ayant pour expression l'excès de 2 jours, la force qui devait servir à engendrer le globe lunaire devait être juste 27,321 fois plus faible, vu que la rotation de la Lune sur elle-même est 27,321 fois plus lente que celle de la Terre.

Ces différences fondamentales une fois bien établies dans la pensée, proposons-nous d'en étudier les effets relativement au Principe nouvellement découvert. Mais, pour nous livrer avec succès à cette étude, recourons aux services d'une méthode nouvelle d'investigation astrarithmique, que j'appelle l'*Unification figurale géométrique*.

Cette méthode consiste à considérer plusieurs figures géométriques *égales* décrites dans l'espace par la Lune durant l'unité de temps adoptée et à les *réunir* en *une seule*, qui convient beaucoup mieux à l'examen du phénomène mécanique en question, et en présente plus clairement et simplement à l'esprit les modalités instructives.

Pour en donner une juste idée : en 1 an la Lune décrit autour de la Terre 14,368 fois son orbite (circulaire par hypothèse commode). On a donc, par exemple, 14,368 petites orbites de rayon 1 à transformer, par la Méthode d'*Unification figurale*, en 1 *seule* grande orbite de rayon 14,368 fois plus grand. Une telle opération géométrique est non seulement licite, mais elle se recommande d'elle-même devant la raison, qui cherche la vérité : étant donné qu'il est de toute évidence que 14,368 petites *circonférences* de rayon 1 unité valent en longueur exactement 1 seule grande *circonférence* de rayon 14,368 unités semblables.

L'interversion de l'ordre des facteurs dans la multiplication ne change rien au produit ; et la figure géométrique, étant un cercle, est toujours dans l'opération de l'*Unification* toujours semblable à elle-même.

Dans le même esprit, nous unifierons les 2 nécessités de tours de roue de la Lune, qui, dans le même temps que la Terre met à en faire 1 seul, en fait, elle, juste 2 fois plus. Enfin, nous n'aurons garde d'omettre l'action des deux forces de synodie équatoriale $F_2$, et qui donne lieu au coefficient 1,0057 de la page 35, en bas.

Procédons donc à présent à l'opération méthodique de l'*Unification figurale géométrique*. Nous allons transformer la nébuleuse lunale précédemment étudiée, laquelle avait pour valeur de son rayon lenticulaire la quantité 220,82 r ☾, en 1 *seule* nébuleuse grandiose qui aura le don précieux de *réunir* dans sa figure simple toutes les propriétés de *tours de roue pignonnante* que développe la Lune en 1 année.

Il vient en conséquence le produit de 4 facteurs comme valeur numérique du nouveau rayon nébuleux idéal, auquel je donnerai le symbole $r_u$ cette fois.

C'est le rayon d'une seule grande nébuleuse hypothétique, remplaçant avec avantage pour les yeux de l'esprit, par unification u, les 14,368 petites nébuleuses étudiées au début, et égales en *nombre* à celui des périodes de révolutions de la Lune. On a donc de la sorte :

$$r_u = (220,82 \times 14,368 \times 2 \times 1,0057) = 6381,9$$

Grâce à l'artifice de l'unification, le problème se pose dans des conditions extrêmement favorables.

En effet, on trouve maintenant, si l'on s'avise d'appliquer la petite formule de l'Engrènement idéal *, en se servant de la valeur de $r'$ :

$$v\, r_u = V$$

On trouve, dis-je, en remplaçant les lettres par les chiffres, que

$$1,634^{m} \times 6381,9 = 29,57^{km} \text{ exactement !}$$

Aussitôt, la faculté d'engrènement de la Lune sur son orbite autour du Soleil est pleinement démontrée ; attendu que dans l'opération de l'*Unification figurale geométrique* des pouvoirs de *tours de roue pignonnante* que possède la Lune, la vitesse équatoriale trouvée ainsi pour la nébuleuse lenticulaire considérée serait absolument *égale dans le même*

* Livre I, seconde partie, fascicule I, page 23.

*temps* à la vitesse du centre de ladite nébuleuse sur son orbite autour du Soleil !

Car, il n'y a pas de doute possible, la vitesse V de la Terre sur son orbite est bien de

$$29^{km},57$$

Quantité parfaitement calculée au fascicule précédent, page 37, et qui s'applique, aussi bien qu'à notre planète, à la Lune qui évolue régulièrement autour de la Terre, lieu moyen de ses ébats célestes !

Ce résultat est donc certain, tout ce qu'on peut exiger de plus certain ; pourtant, j'accorde qu'il n'est encore qu'expérimental. C'est le moment maintenant d'employer de préférence, comme je l'ai fait à l'égard de la Terre, la formule géométrique fondamentale, afin de voir si vraiment le résultat, purement géométrique cette fois, vient bien de nouveau corroborer le résultat numérique ci-dessus.

Voici quelle est la formule générale dans laquelle $r$ est devenu $r_u$ par unification figurale :

$$\frac{R}{r_u} = t'.$$

La quantité R * ayant pour valeur numérique exprimée en rayons de la Lune 85317,4

Et la quantité $r_u$ ayant pour valeur 6381,9

Il vient donc à calculer :

$$\frac{R}{r_u} = \frac{85317,4\ ☾}{6381,9\ ☾} = 13,3684\ ☾ = t'$$

* Voir à la fin le détail du calcul de ces quantités.

D'où il suit que dans l'intervalle d'une année, la Lune donnera 13,368 *tours de roue*, c'est-à-dire qu'elle accomplira sa période autour du Soleil en 13,368 de ses *propres* jours, ni plus ni moins !

C. Q. F. D.

Cependant, en vue de mieux préciser le beau spectacle de la genèse du *jour lunaire*, ayons recours à une figure géométrique d'une limpidité extrême, ainsi qu'il l'a été si généreusement fait quand il s'est agi de montrer naguère la genèse du *jour terrestre*.

## DÉMONSTRATION GÉOMÉTRIQUE

### DU THÉORÈME DE L'ENGRÈNEMENT IDÉAL DANS LE CAS DE LA LUNE

Dans la figure ci-contre, après avoir fait abstraction des grandeurs relatives des corps représentés en S et en L, en valeur absolue, on considérera que la nébuleuse de rayon $r_n$ (lequel est limité de mesure), est figurée en L ; que son orbite réelle B est indiquée en ligne pointillée mixte -·-·-·-·- ; que ce que j'appelle la *sous-orbite* A est indiquée par la ligne pleine ——— (c'est le lieu de l'Engrènement idéal) ; et enfin que la *sus-orbite* C est indiquée en pointillé ordinaire - - - - -

Ceci dit, j'ajouterai : Il est bien certain que les trois courbes orbitales considérées, supposées ici circulaires, sont entre elles comme leurs rayons respectifs. On a bien assurément, d'après le théorème connu de Géométrie :

$$\text{Circonf} : \text{Circonf}' = R : R'$$

FIG. 3

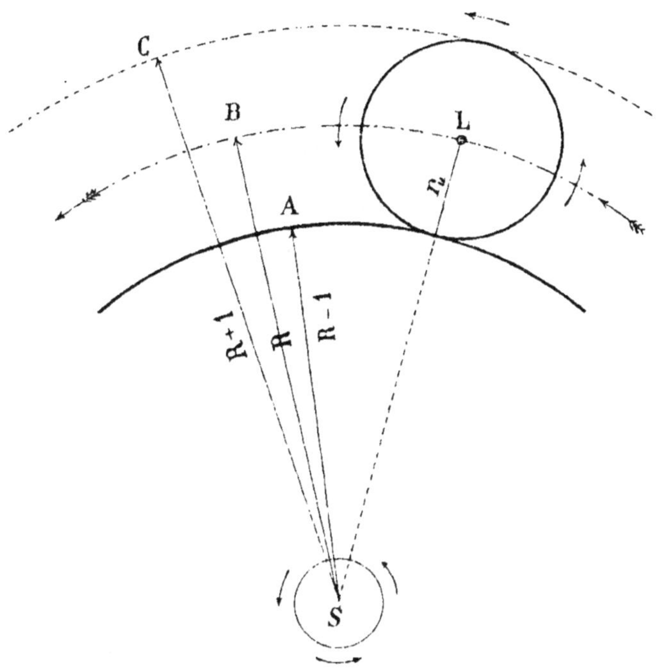

Il suit donc de là qu'on peut exprimer les trois courbes A, B et C par leur rayon propre.

On a manifestement dès lors le spectacle suivant, fourni par la figure 3 :

*Primo*

La droite S C, qui représente le rayon *sus-orbital*, a pour longueur en unités du rayon nébuleux $r_n$ :

$$\frac{R}{r_n} + 1 = \frac{85317{,}4^{r(}}{6381{,}9^{r(}} + 1 = \overset{\text{rayons nébuleux}}{14{,}368} = \overset{\text{jours lunaires}}{14{,}368}$$

*Secundo*

La droite S B, qui représente le rayon *orbital réel*, a pour longueur en unités du rayon nébuleux $r_n$ :

$$\frac{R}{r_n} \pm 0 = \frac{85317{,}4^{r(}}{6381{,}9^{r(}} \pm 0 = 13{,}368^{rn(} = 13{,}368^{j(}$$

*Tertio*

La droite S A, qui représente le rayon *sous-orbital*, a pour longueur en unités du rayon nébuleux $r_n$ :

$$\frac{R}{r_n} - 1 = \frac{85317{,}4^{r(}}{6381{,}9^{r(}} - 1 = 12{,}368^{rn(} = 12{,}368^{j(}$$

C. Q. F. D.

Et qui l'est bien, puisqu'il est démontré que $365^{j},25 : 29^{j},5$ égale bien certainement 12,368 : valeur numérique inférieure que fournit la formule. Il n'y a plus qu'à ajouter + 1 pour obtenir la valeur moyenne 13,368 à l'exemple de ce qui s'est passé à la Terre et que j'ai relaté page 36 ci-dessus.

De tout ce qui précède, il résulte indiscutablement, j'imagine, que la Loi d'engrènement que je publie est bien suivie en réalité par la Terre et par la Lune, son curieux satellite. Sans doute, l'artifice idéal de l'*Unification figurale géométrique* a eu à intervenir dans l'élucidation de la question posée; mais cette conception non vaine de mon esprit a victorieusement montré, mise à nu pour ainsi dire, la faculté d'engrènement de l'équateur nébuleux de l'astre en question. encore à l'état d'Ante-Lune !

Donc, pour me résumer, je conclurai à présent, avec la plus forte des certitudes, que le satellite de la Terre n'était apte absolument qu'à fournir 13,368 *tours de roue pignonnante* par an (oui, ni plus ni moins !) en valeur moyenne tirée de ma formule générale; ce que confirme d'ailleurs l'observation.

C'est donc bien là, en définitive, que se trouve la raison majeure en vertu de laquelle la durée du jour lunaire n'est que le 1/27,321 de celle du jour terrestre : et enfin voilà pourquoi la Lune montre aux yeux des humains toujours la même face !

N'est-ce pas décisif ?

# CALCULS AUXILIAIRES

## A CONSULTER S'IL Y A LIEU

Toutes les données numériques employées dans ce fascicule sont tirées de l'Annuaire du B. D. L. de France pour l'année 1897, époque à laquelle furent effectués tous les calculs nécessaires à l'élucidation de la question posée.

I°

### DÉTERMINATION DE LA VALEUR NUMÉRIQUE DE *v*

La vitesse *v* d'un point équatorial de la Lune se calcule en divisant la longueur de l'équateur par le temps de rotation. On peut partir de la notion de la longueur de l'équateur terrestre, le multiplier par le rayon de la Lune et diviser par son temps de rotation qui est le même que celui de sa période. On trouve ainsi :

$$\frac{40\,076\,625^{m} \times 0{,}272957}{27,322 \times 86400} = 4^{m},634 = v$$

II°

### DÉTERMINATION DE LA VALEUR DE V en *Monorotie*

Étant donné que la rotation de la Lune s'effectue exactement dans le même temps que sa période de révolution autour de la Terre, on n'a qu'à supposer à l'équateur lunaire une longueur

$$\frac{r\,♁\;60{,}2745}{0{,}272957} = 220{,}82 \text{ fois plus grande.}$$

On trouve ainsi : $4^{m},634 \times 220{,}82 = 1^{km},023 = V$

## IIIe

## DÉTERMINATION DE LA VALEUR DE $V_0$ *en Polyrotie*

La vitesse $V$ de la Lune sur son orbite autour du Soleil se confond exactement avec celle de la Terre qui est placée au centre de son mouvement.

On trouve, dans l'hypothèse que la distance moyenne de la Terre au Soleil serait de $23288^{r♁}$, que la Lune tourne autour du Soleil avec la vitesse suivante, commune aussi à la Terre.

$$\frac{40\,076\,625^{m} \times 23288^{r♁}}{365^{j},25 \times 86400^{s}} = 29^{km},574 = V_0$$

## IVe

## DÉTERMINATION DE LA VALEUR DE $r$

Il n'y a qu'à multiplier la distance moyenne de la Lune à la Terre, par le rapport du rayon terrestre à celui de la Lune. On trouve ainsi :

$$60,2745^{r♁} \times \frac{1}{0,272957} = 220,82^{r☾} = r$$

## Ve

## DÉTERMINATION DE $R$ EN RAYONS DE LA LUNE

Il suffit de multiplier la distance moyenne de la Terre au Soleil, supposée juste de 23288 rayons de notre planète par le rapport du rayon terrestre à celui de la Lune. On trouve ainsi :

$$23288^{r♁} \times \frac{1}{0,272957} = 85317,4 = R$$

## DÉTERMINATION DE $r_0$

### POUR L'EMPLOI DE LA MÉTHODE D'UNIFICATION FIGURALE GÉOMÉTRIQUE

On ramène toutes les révolutions à une seule linéairement proportionnelle à leur somme. On multiplie par 2 et par 1,0057, allongement synodique bi-équatorial. On trouve ainsi :

$$\overset{1 ☾}{(220{,}82} \times 14{,}368749 \times 2 \times 1{,}0057) = 6381{,}9 = r_0$$

D'autre part, la valeur 1,0057 se forme ainsi :

$$\frac{365{,}25 + 2}{365{,}25} \times \frac{365{,}25 + \frac{2}{27{,}321}}{365{,}25} = 1{,}00548 \times 1{,}0002$$

Et finalement 1,0057 en forçant légèrement le dernier chiffre

Nantes, Imp. R. Guist'hau, A. Dugas, Succr, 5 et 6, quai Cassard

R. GUIST'HAU éditeur
5 Quai Cassard
NANTES

www.ingramcontent.com/pod-product-compliance
Lightning Source LLC
LaVergne TN
LVHW010006230826
846092LV00002B/678